# BEI GRIN MACHT SICH IHR WISSEN BEZAHLT

- Wir veröffentlichen Ihre Hausarbeit, Bachelor- und Masterarbeit

- Ihr eigenes eBook und Buch - weltweit in allen wichtigen Shops

- Verdienen Sie an jedem Verkauf

Jetzt bei www.GRIN.com hochladen und kostenlos publizieren

**Bibliografische Information der Deutschen Nationalbibliothek:**

Die Deutsche Bibliothek verzeichnet diese Publikation in der Deutschen National-
bibliografie; detaillierte bibliografische Daten sind im Internet über http://dnb.d-
nb.de/ abrufbar.



**Impressum:**

Copyright © 2016 GRIN Verlag, Open Publishing GmbH
Druck und Bindung: Books on Demand GmbH, Norderstedt Germany
ISBN: 9783668334182

**Dieses Buch bei GRIN:**

http://www.grin.com/de/e-book/343352/fem-analyse-waermetauscherrohr-thermo-
mechanische-fem-simulation-mit-einem

Roland Schmidt

# FEM-Analyse Wärmetauscherrohr. Thermomechanische FEM-Simulation mit einem Hexaeder-Modell

GRIN Verlag

# Inhaltsverzeichnis




Anfragen für FEM-Dienstleistungen:

Ing.Büro HTA-Software
Maiwaldstraße 24
77866 Rheinau
Tel. 07844-98641
Fax: 07844-98642
fem-dienstleistungen@femcad.de
http://www.femcad.de/fem-behaelterbau.html

# FEM-Analyse Wärmetauscherrohr

Bei dem hier vorliegenden FEM-Projekt wird eine statische Finite Elemente Analyse eines Wärmetauscherrohres mit dem FEM-Programmsystem MEANS V8 durchgeführt, um eine genaue Aussage über den thermomechanischen Spannungsverlauf treffen zu können.

- Berechnung der stationären Temperaturverteilung

- Berechnung der maximalen Temperaturbelastung und der Wärmespannungen.

- Berechnung der Spannungen bei einer Druckbelastung von 5 bar

## FEM-Modell

Das mit MEANS erstellte Finite Elemente Modell besteht aus 25584 Knotenpunkten, 29582 HEX8-Volumenelementen sowie 5 Elementgruppen und 76 752 Freiheitsgraden.

FEM-Modell mit Elementgruppen:

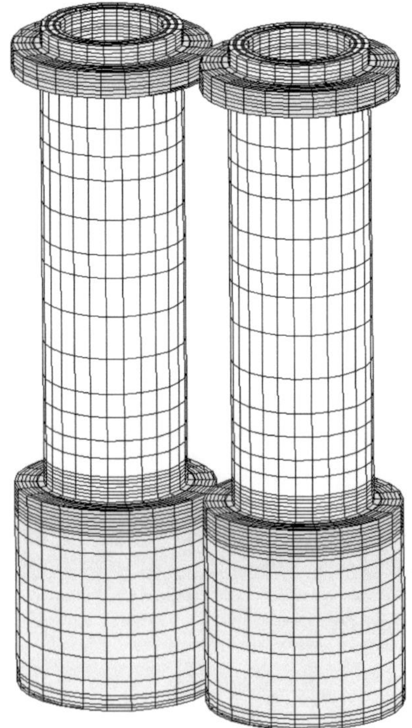

## Schnittdarstellung:

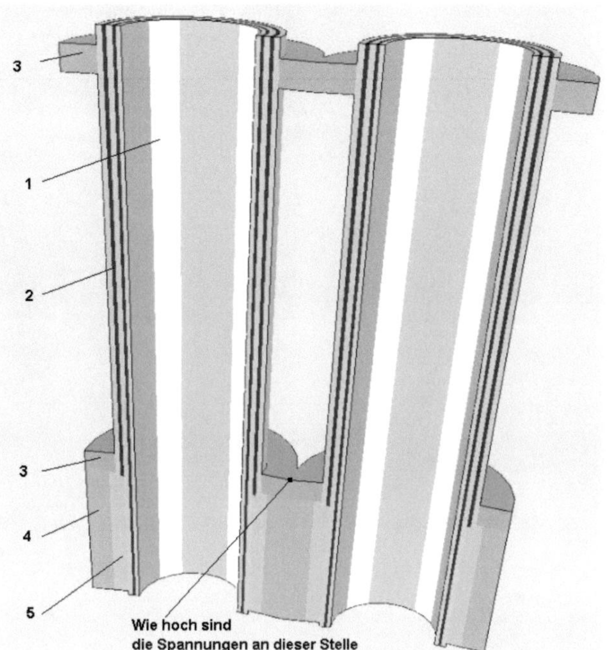


## **Elementgruppe 1**

3 Rohre aus dem Werkstoff P265GH nach EN 10028 T2

Rohr Innen:  Länge 570 mm, Durchmesser 88.9 mm und Wandstärke  3.2 mm
Rohr Mitte:   Länge 570 mm, Durchmesser 101 mm und Wandstärke  4 mm
Rohr Außen: Länge 420 mm, Durchmesser 114 mm und Wandstärke  4 mm

Materialeigenschaften bei  800 Grad:
E- Modul = 174 000 N/mm$^2$
P-Zahl = 0.3
Wärmekoeffizient = 0.0000141
Wärmeleitfähigkeit = 40.2 W/mK

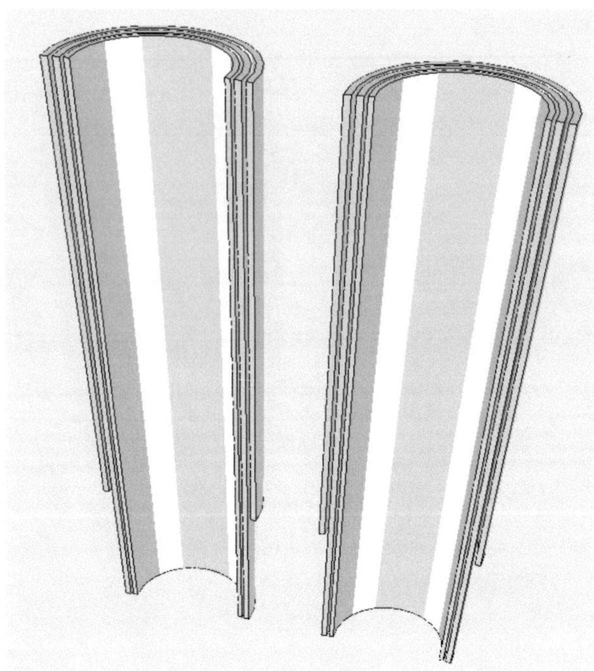

## **Elementgruppe 2**

Isolierung auf Polymerbasis (z.B. Silikonschaum)

Isolierung zwischen Innenrohr und mittlerem Rohr mit Wandstärke 2.05 mm
Isolierung zwischen mittlerem Rohr und Außenrohr mit Wandstärke 2.5 mm

Materialeigenschaften bei  800 Grad:
E- Modul = 1.0 N/mm$^2$
P-Zahl = 0.4
Wärmekoeffizient = 0.00022
Wärmeleitfähigkeit = 0.1 W/mK

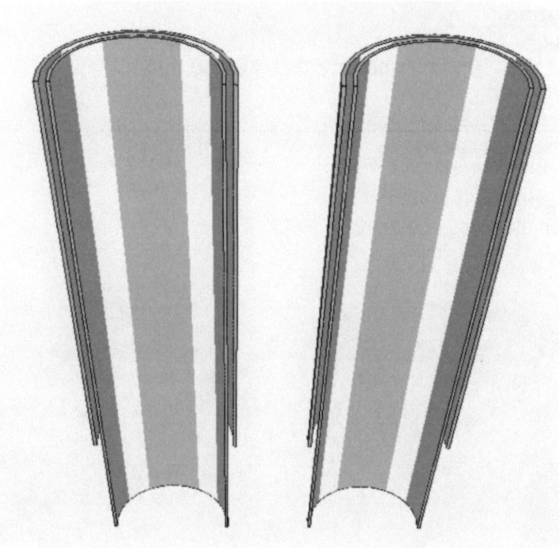

## **Elementgruppe 3**

2 Stege im Abstand von 400 mm aus dem Werkstoff P265GH nach EN 10028 T2
Durchmesser 165 mm und Wandstärke 22 mm

**Materialeigenschaften bei 800 Grad:**
E- Modul = 174 000 N/mm$^2$
P-Zahl = 0.3
Wärmekoeffizient = 0.0000141
Wärmeleitfähigkeit = 40.2 W/mK

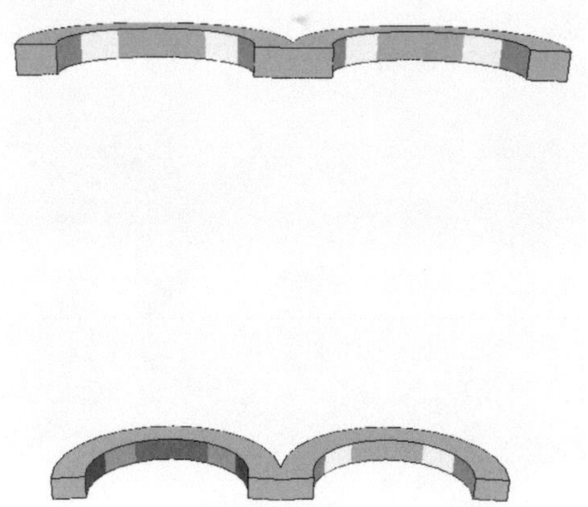

## Elementgruppe 4
Betonschicht
mit Durchmesser 165 mm und Wandstärke 150 mm

Materialeigenschaften bei 800 Grad:
E- Modul = 30 000 N/mm$^2$
P-Zahl = 0.15
Wärmekoeffizient = 0.000012
Wärmeleitfähigkeit = 2.1 W/mK

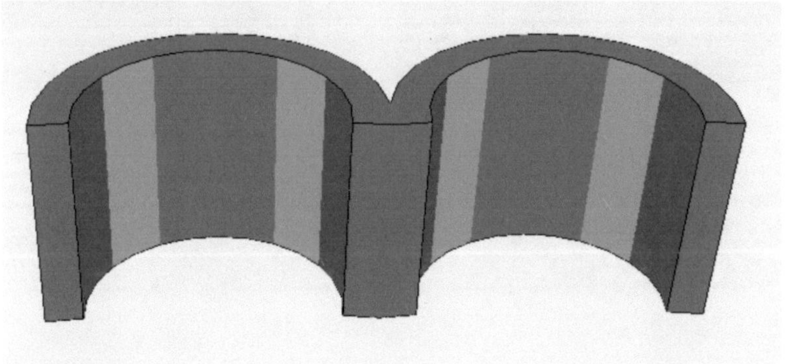

## Elementgruppe 5
Luftschicht in der Rohrhülse
mit Durchmesser 129 mm und Wandstärke 150 mm

Materialeigenschaften bei 800 Grad:
E- Modul = 0.1 N/mm$^2$
P-Zahl = 0.15
Wärmekoeffizient = 0.0001
Wärmeleitfähigkeit = 0.01 W/mK

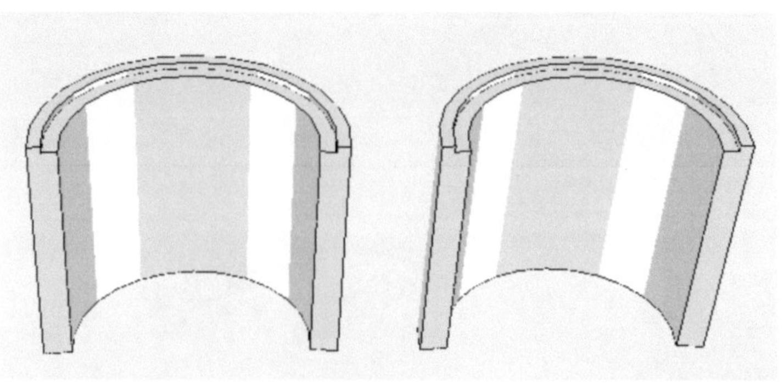

## **Gewählter Werkstoff**

Es wird der Werkstoff P265GH nach EN 10028 T2 ausgewählt.

mit folgenden bekannten Festigkeitswerten:

300°C  - Streckgrenze 155 N/mm²
350°C – Streckgrenze 140 N/mm²
400°C – Streckgrenze 130 N/mm²


Zulässige Spannungen nach AD-S4:

Die ermittelte maximale v.Mises-Vergleichsspannung aus
überlagerter Temperatur- und Druckbelastung beträgt =

**99,13 N/mm$^2$**

Vergleichsspannung < 130 N/mm$^2$

Gewählter Werkstoff  P265GH nach EN 10028 T2

## **Belastungen**

Für folgende zwei Lastfälle muß das FEM-Modell ausgelegt werden:

### **Temperaturbelastung**

Zuerst muß die Temperaturverteilung im gesamten FEM-Modell ermittelt werden.

<u>Vorgabe der Randtemperaturen</u>
Durch das Innenrohr strömt Rauchgas mit einer Temperatur von 800 Grad,
am Außenrohr und an den Stegseiten wird mit Sattdampf auf 150 Grad abgekühlt.
An der äußeren Betonschicht beträgt die Temperatur 750 Grad.

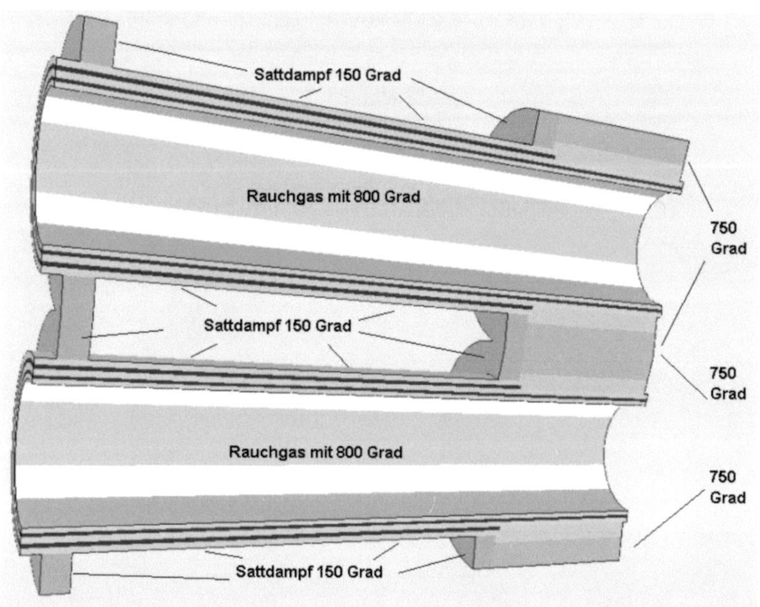


### **Druckbelastung von 5 bar**

Der Sattdampf erzeugt eine Druckbelastung von 5 bar auf die Außenfläche des
Außenrohrs und die Stegseiten.

# Randbedingungen

Das FEM-Modell wird an der äußeren Betonschicht in Z-Richtung gelagert und kann sich damit nach oben und in radialer Richtung unbehindert ausdehnen.

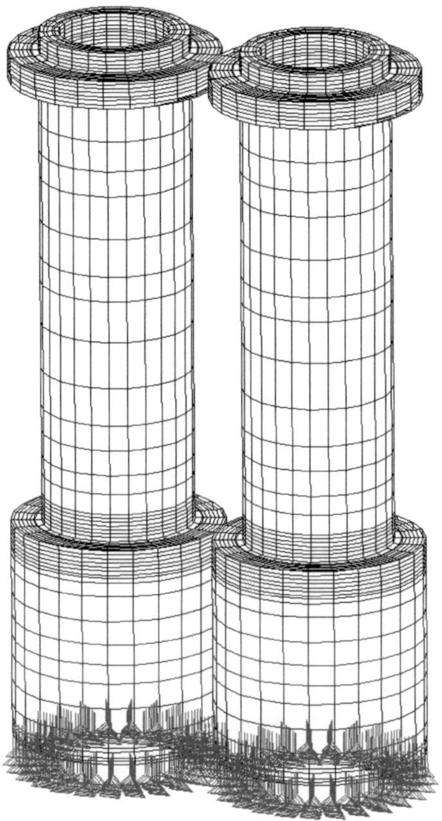

Die Stege werden jeweils an der Außenseite mit dem Rohr verschweißt. Es wird darum angenommen, dass die gesamte Stegbreite von 22 mm fest mit dem Rohr verbunden ist.

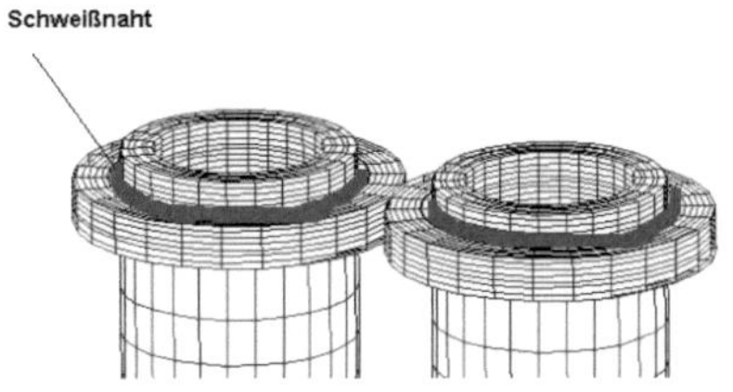

# Ergebnisauswertung

## Temperaturverteilung

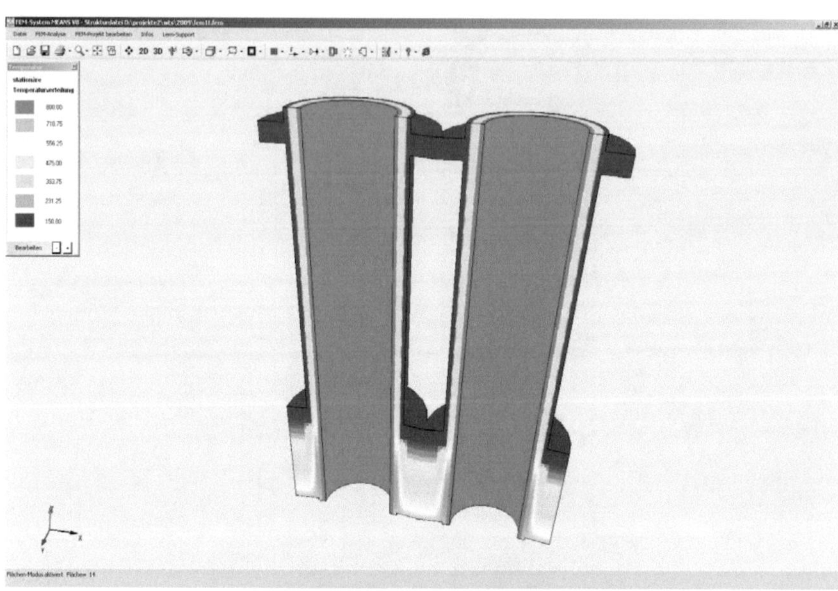

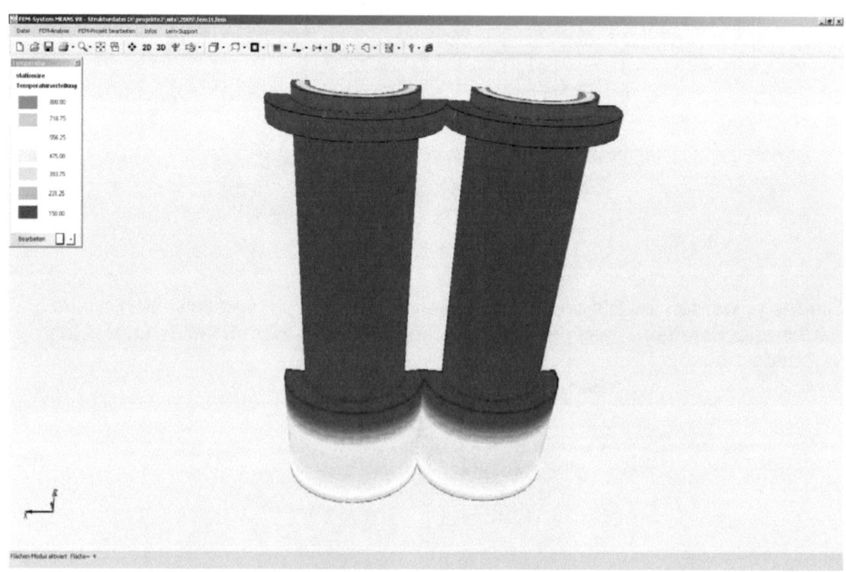

# Temperaturbelastung

Maximale v. Mises-Vergleichsspannung beträgt 97.89 N/mm$^2$

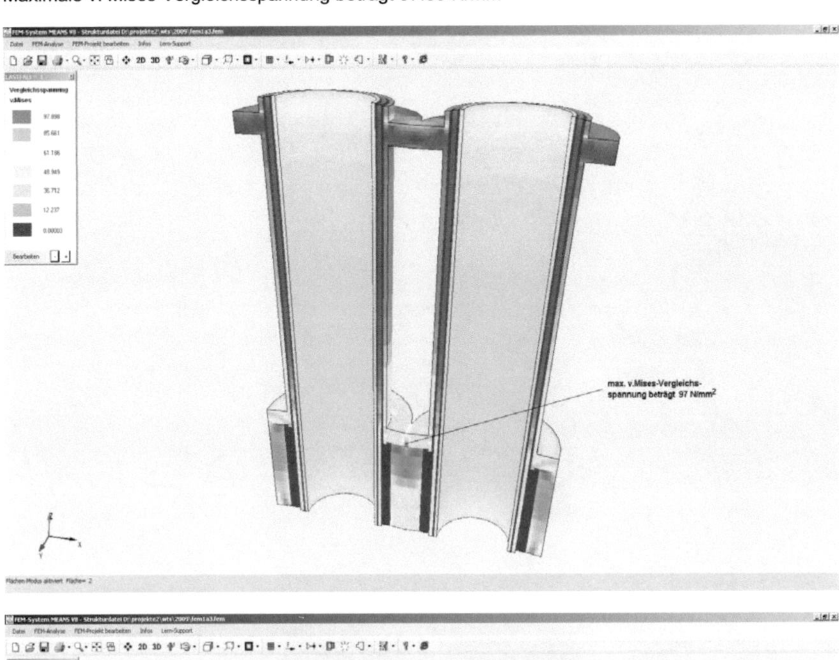



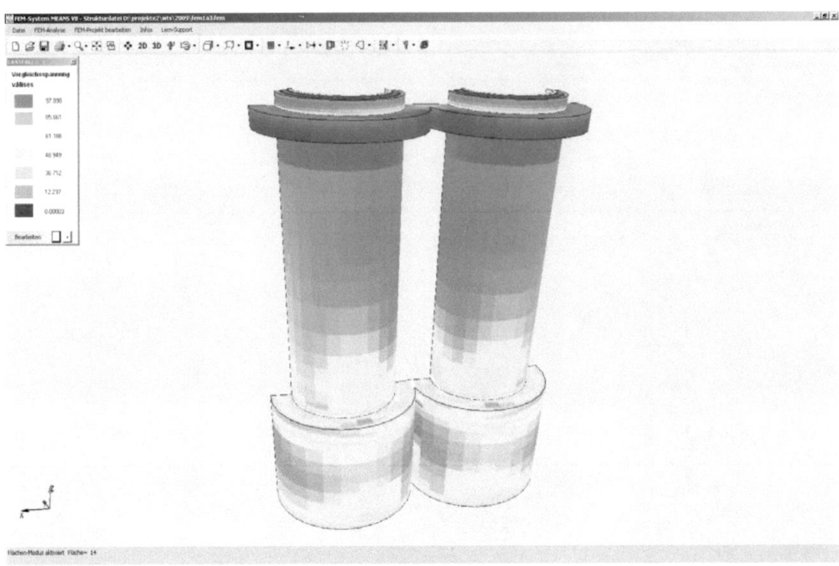

## Druckbelastung

Maximale v.Mises-Vergleichsspannung beträgt 10.196 N/mm$^2$

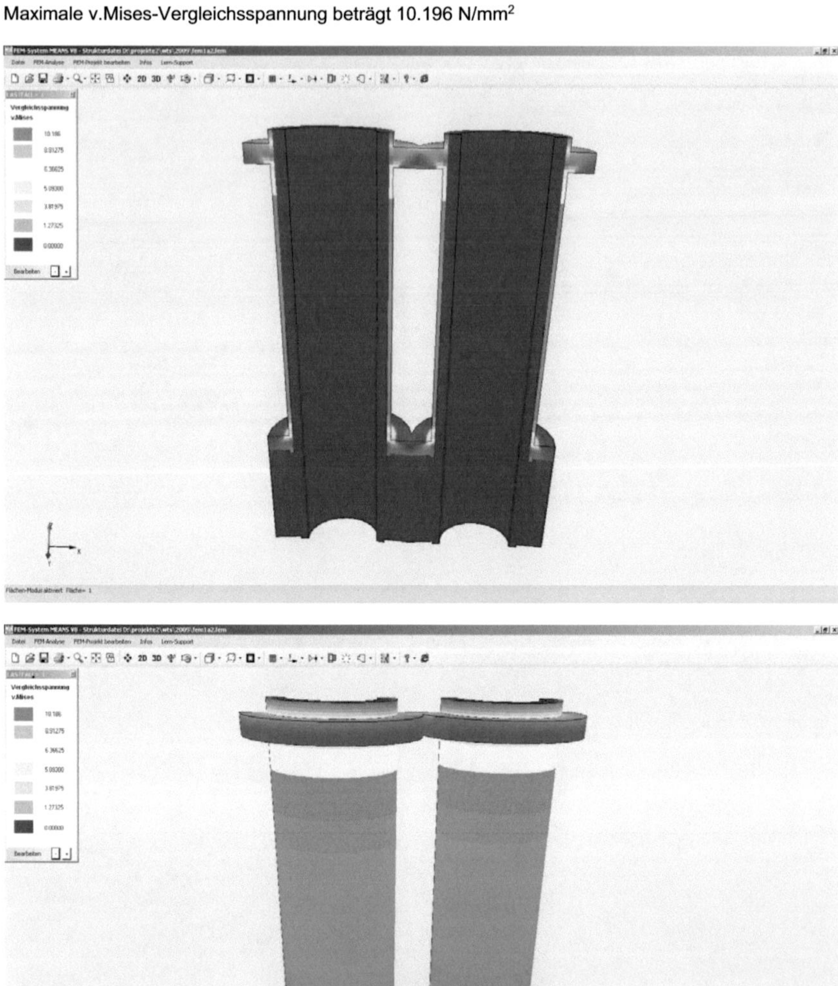

# Temperaturbelastung und Druckbelastung überlagert

Maximale v. Mises-Vergleichsspannung beträgt 99.13 N/mm$^2$

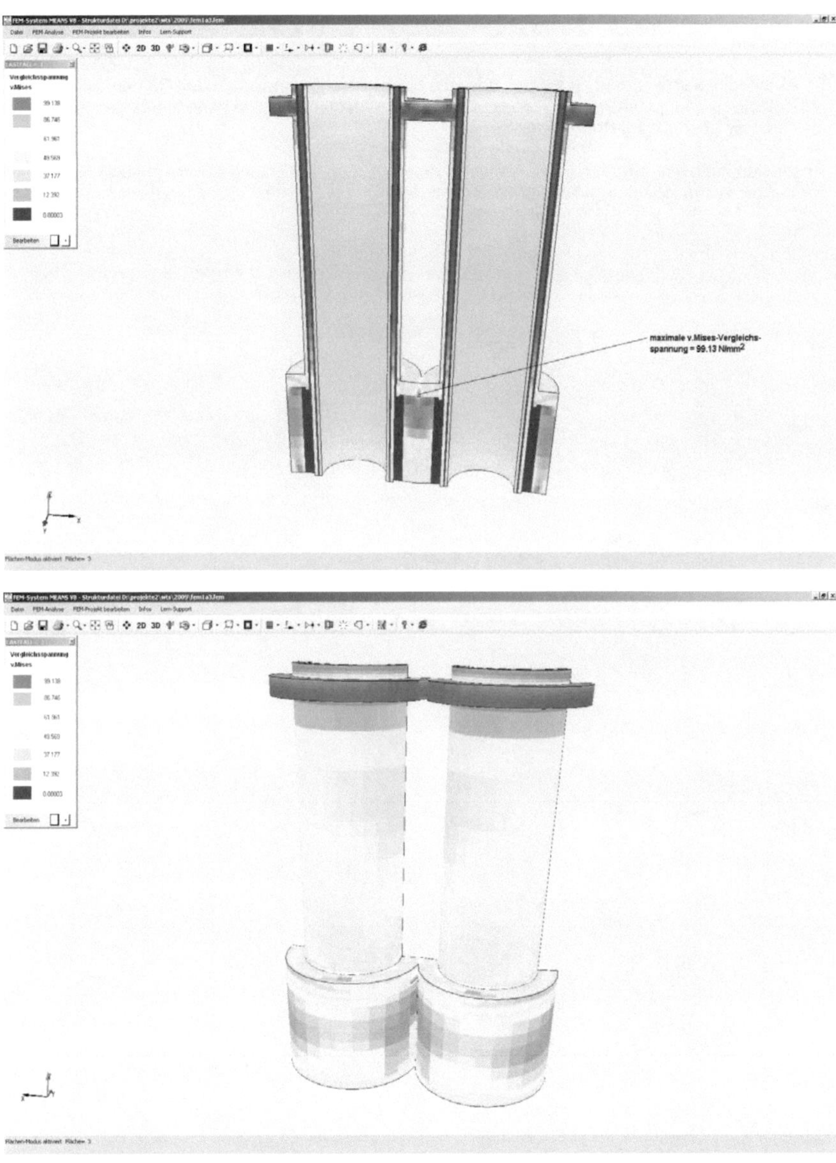

# Zusammenfassung

Die thermomechanische FE-Analyse des Wärmetauscherrohres zeigt, daß trotz einer sehr hohen Temperaturbelastung von 800 Grad nur eine relativ geringe Spannungsverteilung in dem Bauteil vorherrscht.

Es ist allerdings sehr darauf zu achten, dass die Isolierschichten zwischen den Rohren aus einem sehr elastisch und gummiartigen Werkstoff bestehen damit die hohen Wärmedehnungen des Innenrohres absorbiert werden können.

Ansonsten kann eine Erhöhung des E-Moduls der Isolierung von unter 5 N/mm$^2$ auf über 10 000 N/mm$^2$ die Wärmespannungen im Innenrohr um das 10 - bis 20 fache ansteigen lassen.

# BEI GRIN MACHT SICH IHR WISSEN BEZAHLT

- Wir veröffentlichen Ihre Hausarbeit,
  Bachelor- und Masterarbeit

- Ihr eigenes eBook und Buch -
  weltweit in allen wichtigen Shops

- Verdienen Sie an jedem Verkauf

Jetzt bei www.GRIN.com hochladen
und kostenlos publizieren